Christophe Cazenove　　Cosby

[法] 克里斯托夫·卡扎诺夫 著　　[法] 科斯比 绘　　郭纯 译

贵州出版集团
贵州人民出版社

食物

蜜蜂会制作蜂蜜……

……和蜂王浆！

衣服

多亏了蚕宝宝！

人们还研究过蜘蛛的丝，发现它极其坚固！

环境

为了了解生态环境，人们常视昆虫为**生物指示器**，比如说这里的环境就不太好……

基因工程

果蝇的**基因谱系**和人类相似。

这让我们在基因研究上有更多的发现！

刑侦

一些生在尸体上的昆虫，
会帮助解决办案中的难题！

综合科学

人们利用昆虫进行研究……

比如**神经生物学**！

援救

昆虫比别的食物更富含**蛋白质**，又容易获得，所以未来可能用昆虫当食物，来解决世界饥荒问题！

农业

例如，人类会用我们解决蚜虫灾害问题……

但是也会让我们干些别的活。

哐！哐！哐！

机器人制造

人们一开始参考蟑螂制作机器人模型，后来又远程控制活体蟑螂来定位塌方事故的受害者！

一个防御小技巧：自切

有些昆虫有**自切**的能力。

它会主动断开……

……自己身体的一部分！

①一种益智游戏，将散落的游戏棒一根根挑起来收回，过程中不能碰到其他小棒。谁挑回的小棍越多，谁就是赢家。

蜂蜜的由来

首先，一只小蜜蜂用“舌头”吸取花蜜。

回到蜂巢后，它把花蜜吐给负责接收的蜜蜂。

接收蜂大口大口地喝下，然后再吐出花蜜，

同时混入它的口水和**消化液**……

麝香天牛

麝香天牛是一种奇特的昆虫。
嗯?

你在说我吗?

之所以叫"麝香天牛",是因为当它被打扰后……
别过来,小心我收拾你!

会放出一股麝香气味……
你们自找的!

闻起来像玫瑰香水!
我是个杀手,杀手!
大笨蛋!
指指点点

对,闻起来的确像玫瑰……
嗅!
嗅!

灵机一动

节日快乐,奶奶!
啊,好香的味道……

不是吗?
你不是很喜欢玫瑰香水吗?

我说，站在池塘里的那个小瘦子是谁？
那是**水黾**！

?
如果你喜欢，可以叫它潜水蝽！
太好笑了，哈哈哈！

你在上花样滑冰课吗？真是个怪胎！嘿嘿嘿！
人们也叫它“水上滑冰手”，快看！

你不能剃掉脚上的毛，否则会直接沉下去吧！

哈哈哈，一直都是这怪模样吗？
水黾这家伙！

糟了！

扑通！

咔嚓！
咔！
啊呜！
还有一点很有趣：它是**肉食昆虫**，不光动作迅速……
而且数量众多！

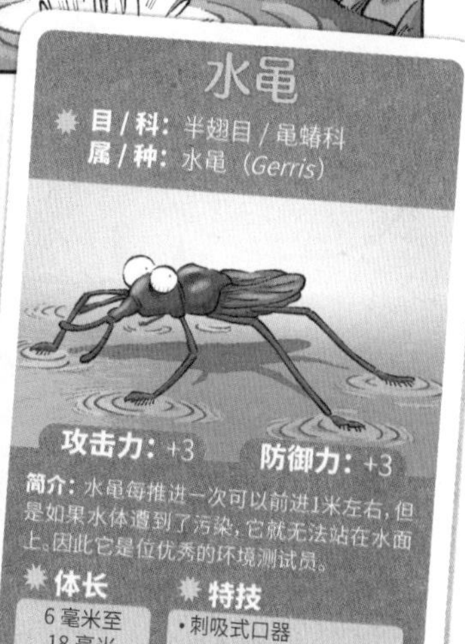
水黾
目/科：半翅目/黾蝽科
属/种：水黾（*Gerris*）
攻击力：+3
防御力：+3
简介：水黾每推进一次可以前进1米左右，但是如果水体遭到了污染，它就无法站在水面上。因此它是位优秀的环境测试员。
体长
6 毫米至 18 毫米
特技
• 刺吸式口器
• 动作迅速

那么，你认出凶手了吗？
呃……
是不是胡蜂？在攻击性昆虫里，它的表现还不赖！
不，不是它。
你想怎么样？

螳螂呢？有虫被下黑手的地方，总是离它不远……
不不，也不是它。
咔嚓
咔嚓
呃……

嘶嘶
蜘蛛呢？
我说了凶手是昆虫。

肯定也不是苍蝇吧！
苍蝇没做过坏事儿啊……
嗅！

那……
啊啊！！！

是它！我认出它了！

蚊子，我要逮捕你，因为你是世界上造成死亡最多的昆虫！
疟疾、西尼罗热、基孔肯雅热，你的罪状说都说不完！
咯
咯
咯
这不是我的错，我有一个不幸的童年……

我弄丢了我的卵，
你看见它了吗？

蠼螋（耳夹子虫）会花很多精力照顾它的卵。

你呢，你知道我
的卵怎么了吗？

它在昆虫世界里是个例外！

我的卵呢！
我的卵去
哪儿了？
可……
可……
可是……
可……

绝大多数昆虫一产下卵，就不再管它们了！

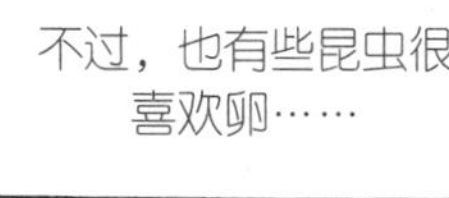
不过，也有些昆虫很
喜欢卵……

什么？
谁？

不过，绝不是同一种“喜欢”。

咔嚓！
啊呜
啊呜

蠼螋
目／科：革翅目／蠼螋科
属／种：欧洲球螋（*Forficula auricularia*）
攻击力：+1
防御力：+4
简介：蠼螋又被称为耳夹子虫，它不太喜欢光线，用自己的尾铗来自我防御。会飞，但很少这样做。
体长
最短：10 毫米
最长：20 毫米
特技
• 钳状的尾须

携播：一种旅行方式

携啥?
携播!

就是说我们螨虫，利用一种动物来移动。比如利用这只甲虫!
但是，它不会吃了我们吗?

这就是技巧!它会免费带着我们，前往一具刚刚腐烂的尸体……

而我们会吃掉尸体上的其他卵和幼虫，这样甲虫就可以在那儿产卵了!走吧，小子!
哦……

对不起，满员了!
什么?
但……

这没道理，先生!我们之间是有合同的!
我，我饿……
但这样会超重的……

好吧，好吧……
咕噜
上来吧!

可怜的太太!
又一起超载引发的交通事故。
啊……
我早就跟你们说了……
不要停留!没什么好看的!
老天爷啊……

大多数蚂蚁是没有翅膀的，但少数蚂蚁有。

有翅膀的是能繁殖后代的蚂蚁，它们可以飞起来，和其他蚁群的蚂蚁**交配**！

这段时期被称作**婚飞期**！

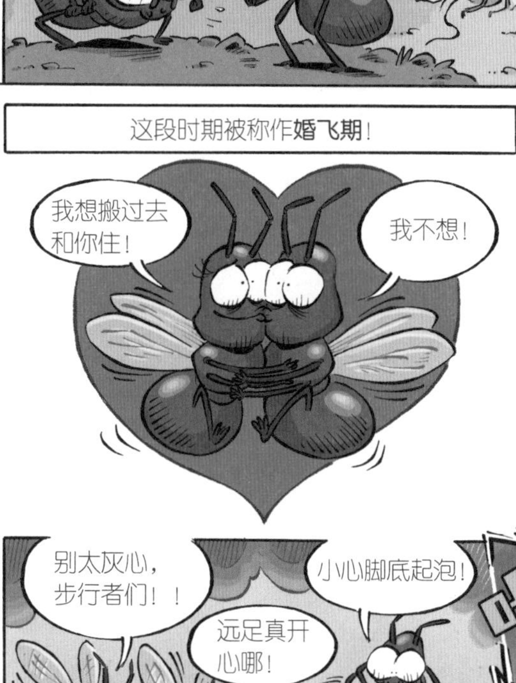

数千只蚂蚁一起起飞！

①脱单，即脱离单身。

一只蝈蝈正在溪边喝水，它会吞入水中的铁线虫幼体！

铁线虫幼体会在蝈蝈体内生长。

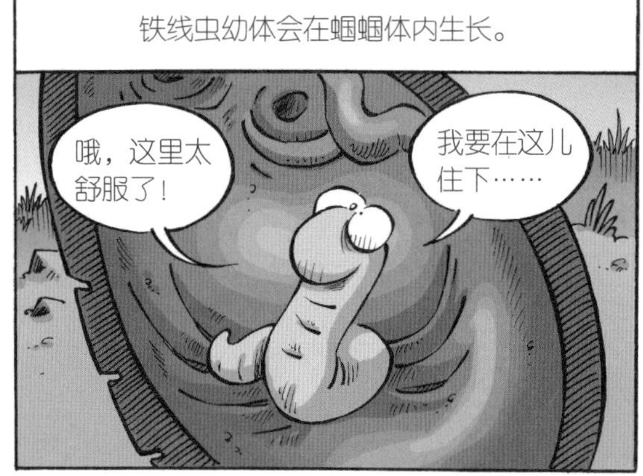

铁线虫成体可长达1米，它甚至会影响寄主的行为……

刺激寄主跳入水中——水是铁线虫的**栖息地**！

铁线虫会在蝈蝈的身体上钻个洞出来……

这样蝈蝈也活不了了！

哎呀，螳螂，
你没啥精神呀！

你吓我一跳！自从我表
兄**椎头螳**来了，附近一
只猎物也没有了……
都被它吃
光了！

这么说，
确实……
我已经好久都没有看
到蝈蝈了，也没有牛
虻经过这里了。

发现目
标……
呃……

你也想不通是
不是，小苍蝇？
没、没有，
先生……

嗡嗡
啊呜！
吞下
咔嚓！
你好，
表兄！
你好！

所以说，你这
里已经没什么
可吃的了？
我没这样
说……

我不知道我们
怎么办……
唉……

啊呜！
幸运的是，我们总是
可以依赖家庭！

椎头螳
目/科：螳螂目/椎头螳科
属/种：羽角椎头螳（*Empusa pennata*）
攻击力：+6
防御力：+4
简介：这种螳螂生活在欧洲南部。因其腹部的形状而得名，又名“普罗旺斯小恶魔”。它喜欢吃活的生物。
体长
最短：50 毫米
最长：65 毫米
特技
•伪装
•贪食

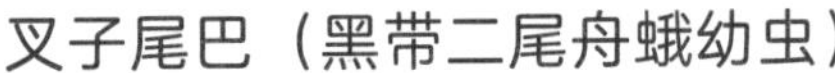

黑带二尾舟蛾

目/科：鳞翅目/舟蛾科
属/种：黑带二尾舟蛾（*Cerura vinula*）

攻击力：+3　**防御力：**+5

简介：这种昆虫的幼虫也被叫作“老恶妇”，这名字源自这种毛虫吓唬人的行为。人们常在流水边上发现这种昆虫。

体长
最短：25 毫米
最长：32 毫米

特技
• 舞蹈
• 尾须

都市传说（1）

哈哈，人类真的太蠢了！
他们什么都信！
孢子酒吧

比如说我吧，人类相信我的脚像剃刀一样锋利，其实我就像小虫虫那么柔弱！
就是，就是！

我也觉得，他们害怕面对我的钳子，认为这很危险！
呵呵……
噗

还有还有，“如果摸了蝴蝶的翅膀，它就再也飞不起来了！”
“千万别摸！”
噗……

看，还有这玩意儿，这个小把戏是用来驱赶我们苍蝇的！

用装满水的袋子反射阳光来赶苍蝇……
有用吗？
咔……

嘻嘻，你们用脑子想想，会有用吗？
扑通！

好吧，还是挺有用的……
人类真残忍哪！
吱
啵

亲爱的，你看，在头皮上涂一点儿除虱剂，就能彻底摆脱这些肮脏的寄生虫了！

扑哧！

啊！

可是，我还是喜欢以前那种泡泡派对……

扑哧！

我被骗了，这里既没有姑娘也没有音乐……

扑哧！

蚕

蚕是一种特殊的昆虫。

蚕没有野生的，它通过养殖选种而来！

蚕的雌性成虫不会飞。

蚕的幼虫可以生产丝！

但让它们大受打击的是，
已经有越来越多的合成纤维取代了丝。

它们该怎么办？

一旦成为成虫，它们就不吃不喝，并能坚持很长时间！

蚕

目／科： 鳞翅目／蚕蛾科
属／种： 蚕（*Bombyx mori*）

攻击力： 0　**防御力：** +2

简介： 蚕吐出的丝线长度可达300～1500米。养殖蚕的产业被称为养蚕业。

体长：约80毫米
特技：无

牛虻

目/科：双翅目/虻科
属/种：牛虻（*Tabanus bovinus*）

攻击力：+4 **防御力：**+2

简介：雌虻以血为食。叮咬的伤口与胡蜂叮咬的伤口类似。雄虻以采集花蜜为生。

体长	特技
最短：25毫米	·叮咬
最长：30毫米	·利用足来减震

呼吸

一个令人震惊的消息：昆虫没有肺！

它们用身体两侧的气门呼吸，每个气门吸取一点儿空气……

不像我们人类用鼻子和嘴呼吸。

这是一种有效的呼吸方式。

因为昆虫都很小。而体型越大，就需要越多的氧气！

跳虫有一段苦涩的经历！它曾算是一种昆虫……
孢子酒吧

但现在只能被降级归入泛甲壳动物的亚门！
走开！你来得不是时候！
出去！

什么？我们家族已经在这个酒吧待了4亿年了！比您早多了！
这是昆虫专场，而你已经不是昆虫的一员了！滚开！

因为我没有翅膀，我的孩子们没有幼虫的阶段，就因为这，嗯？
你可以去甲壳亚门，那儿谁都收……

来了一只玉色青蛉……
啊，新虫！把这儿就当自己家，兄弟！

它、它直到2011年才被人发现，就已经算是昆虫的一员了？
是的，因为它有翅膀！

啊！！！

欢迎成为不可分类之虫，兄弟！
噗……

跳虫
门：节肢动物门
亚门：泛甲壳动物亚门（六足亚门）
攻击力：+2
防御力：+1
简介：常见的跳跃类生物，族群遍布整个地球（从两极到赤道）。大多数的跳虫都是避光动物（见到光会逃跑）。
体长
最短：2毫米
最长：3毫米
特技
• 可在极端环境中生存
• 跳跃

当一只**工蚁**发现食物时……

它返回蚁穴，沿途有规律地留下了一种化学物质！

这种**定位信息素**方便它们寻路返回！

飞蝗是一种独居昆虫，它很孤独。

我不喜欢别的虫！

然而，如果其他飞蝗接近它……

它会改变行动方式和颜色……

飞蝗的若虫是抱团生活在一起的！

飞蝗会群集成云一般，路过之处，寸草不生！

最大的集群可覆盖200平方千米，
其中包含数十亿个飞蝗个体！

它先蜇蟑螂一口，把它迷晕了……

接着再来一口，这次是叮在脑子上！

就这样，蟑螂彻底成了它的奴隶！它动动手，抬抬眼，就能让蟑螂服服帖帖的！

这种蜂会把卵产在蟑螂身上，这样幼虫就以蟑螂为食……而蟑螂完全动弹不得！

扁头泥蜂

目 / 科： 膜翅目 / 长背泥蜂科
属 / 种： 扁头泥蜂（*Ampulex compressa*）

攻击力： +5　**防御力：** +3

简介： 这种热带蜂动作简单粗暴，只轻轻一蜇，就能将猎物麻痹。再来一下，就能把它变成自己的干粮。

体长
可达 30 毫米

特技
• 毒液
• 独居

啊！！！
啊！

乌啦啦……

如果人能变大，我们虫也能变得更大吗？
不可能……

我们昆虫有一种**外骨骼**，也就是我们的骨骼包在身体之外……
我知道，然后呢？

如果长得太大，我们会被自己的甲壳压碎的！
咔嚓！！

所以不可能！
当然是有可能的！

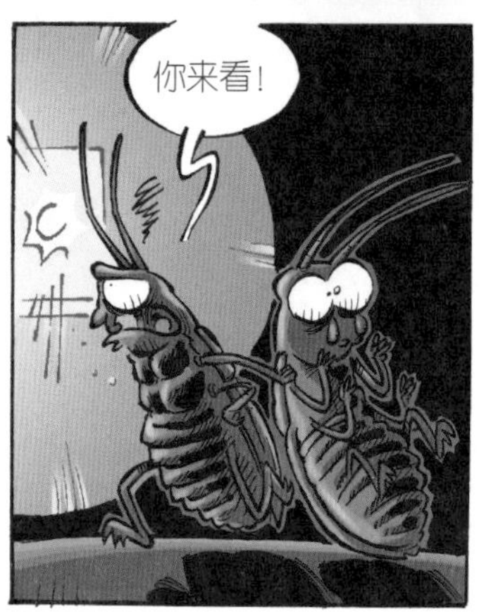

你来看！

什么？
对，你说得有道理！真的很大！
啊啊啊啊！
咦！！！
啊啊啊！

蜜獾是一种喜欢吃蜂蜜的**哺乳动物**！
嗅！
嗅！

为了获得蜂蜜，它会与一位**向导**合作。
注意，别搞什么小动作！
放心，我是正派獾！

这是一种叫声奇特的鸟。
你一定要这样大声怪叫吗？
吱吱吱嘶嘶！！！
吱吱吱嘶嘶！！！

等等我！
到下个树桩右转！
重新计算路线！

哈哈哈，好大一个！
您已抵达目的地！

蜂蜜归我……
嗯！
咔咔！
嗡嗡嗡

……幼虫归你！
啊呜！
吸溜！
啊呜！
吸溜！

在这个团队里，所有人都是赢家！
嗝！
呼噜噜……
您说得倒是轻松！！！

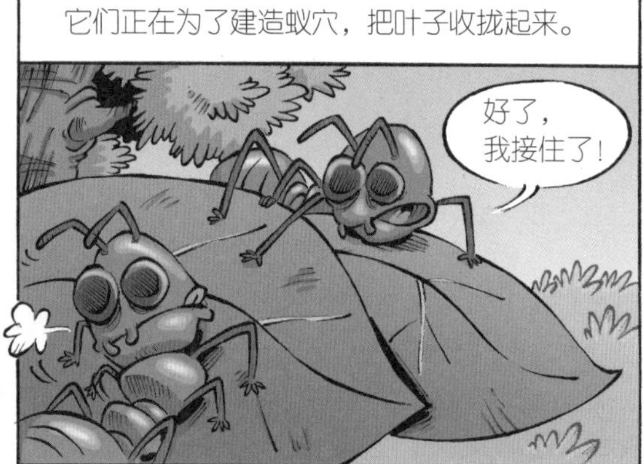

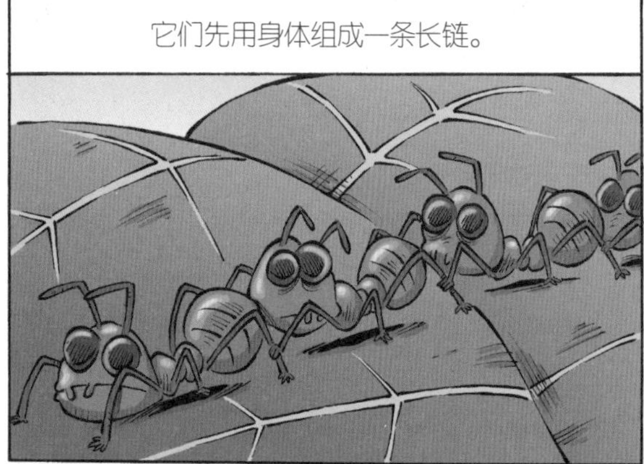

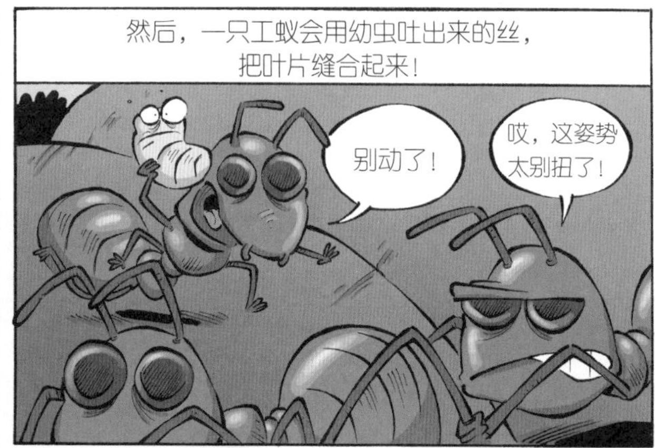

织叶蚁

目/科： 膜翅目/蚁科
属/种： 黄猄蚁（*Oecophylla smaragdina*）

攻击力： +5　**防御力：** +3

简介： 当有别的蚂蚁进犯它们的蚁穴时，这种小蚂蚁会表现出强烈的攻击性。在很多国家，人们会食用这种蚂蚁。

体长
最短：3.5 毫米
最长：9.5 毫米

特技
- 攻击性强
- 群体袭击

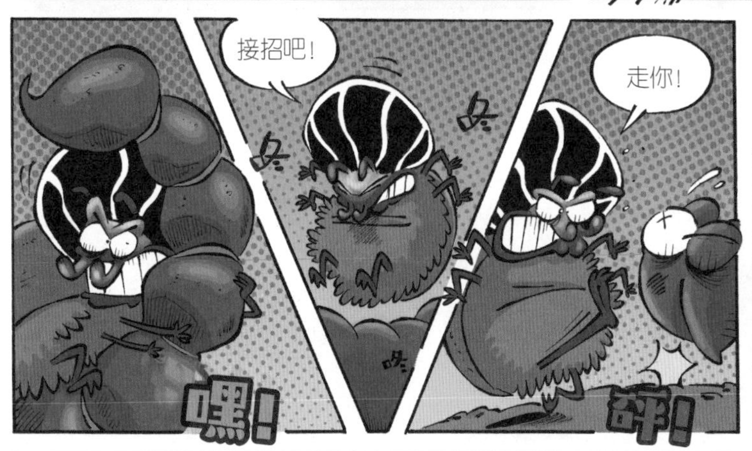

大角金龟很幸运……因为蝎子是夜行动物，现在已经睡着了！

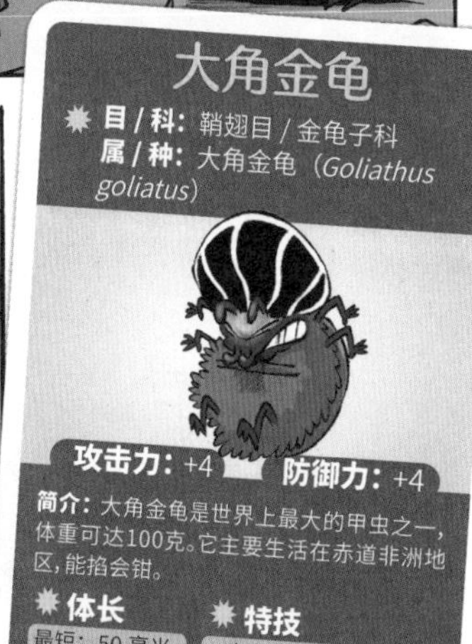

大角金龟

目/科： 鞘翅目/金龟子科
属/种： 大角金龟（*Goliathus goliatus*）

攻击力： +4 **防御力：** +4

简介： 大角金龟是世界上最大的甲虫之一，体重可达100克。它主要生活在赤道非洲地区，能掐会钳。

体长
最短：50 毫米
最长：110 毫米

特技
• 攻击性强
• 群体袭击

哼……
啥都没有！
你是要搞装修吗？

不，我要送女朋友一份独特的礼物，但费了好大的劲都……
嗯……

要不就随便送个之前找到的玩意儿算了，否则这样下去我会被甩掉的！
嘿，看这个！

太棒了！
一条天鹅绒围巾，理想的礼物！

哦，谢谢亲爱的，真是太可爱了！
我最喜欢的颜色……
这没什么，亲爱的！
呃……

啦
啦 啦
话说回来，森林里突然出现一条围巾，这有点儿不对劲！
这让我想到了……
?

哇啊！

啊……
天鹅绒虫！一种很危险的蠕虫！
你一定会被甩掉的……

我抓不住了！
我抓不住了！

掉下来没关系！跟你说了不会受伤的！
确定吗？

你看没事儿吧！因为我们的外骨骼非常坚硬！
砰！

而且我们体重很轻，所以从高处掉落不会受伤！
酷！

我要再跳一次！

别没事儿跳来跳去啦……
嘿，嘿！

你不是说我不会受伤吗！

呃，我只是说我们有外骨骼！！！

2003年，伊拉克战争……
轰！
嘿，乔，你看见战友们拍的避日蛛的照片了吗？
还没！
嗒嗒嗒
嗒嗒

好像说是一种怪兽，这里到处都有！
咔轰！
哦，没错！
咻
咻
什么？一种怪兽？在这儿？

它会发出恐怖的叫声……
叫咋！

跑起来非常快……
它甚至会袭击骆驼，一口就能吞掉！
啊呀呀呀！

哦，该死！
我得离开这儿！

胡说八道！
这是谣言！
没有这种东西！那些照片是特效！
什么？
轰！

避日蛛其实很小很小，一点儿都不可怕……
咔轰！
这我就放心了……
！

说到底，就是一种极像蜘蛛的动物……
那就不可怕了吗？！
哈哈！
嘿嘿！

采采蝇看上去极为普通。

却给人类带来了各种传染病，比如昏睡病……

甚至会危及牲畜！

蜇一下就会让它们死掉。

另外，在茨瓦纳语中，“tsé –tsé”（采采）的意思就是杀死牲口的苍蝇！

采采蝇好像会被同一颜色的色块吸引……

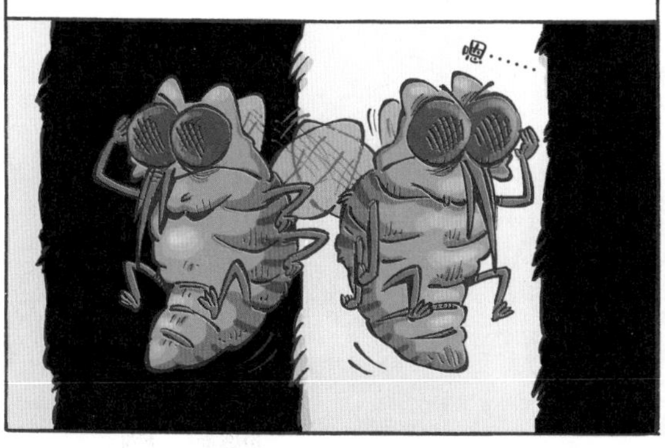

这就是有些条纹动物……

……能逃过它们毒手的原因！

幻象

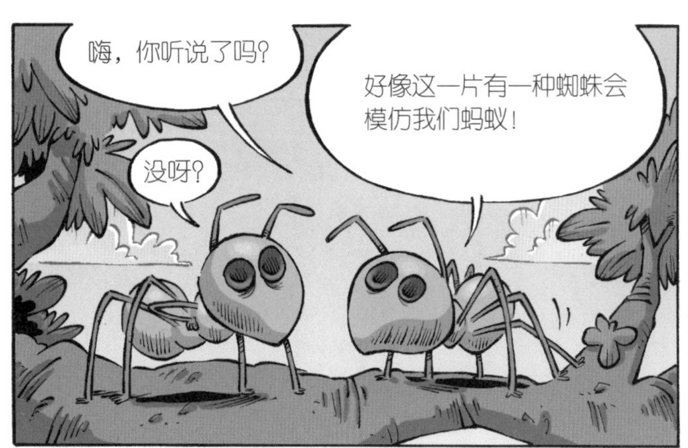
嗨，你听说了吗？
没呀？
好像这一片有一种蜘蛛会
模仿我们蚂蚁！

它们的腹部有两个黑色的斑点，
看起来就像蚂蚁的眼睛……

它们总是把两条长腿抬得高高的，看起来就像触角！

嘿！

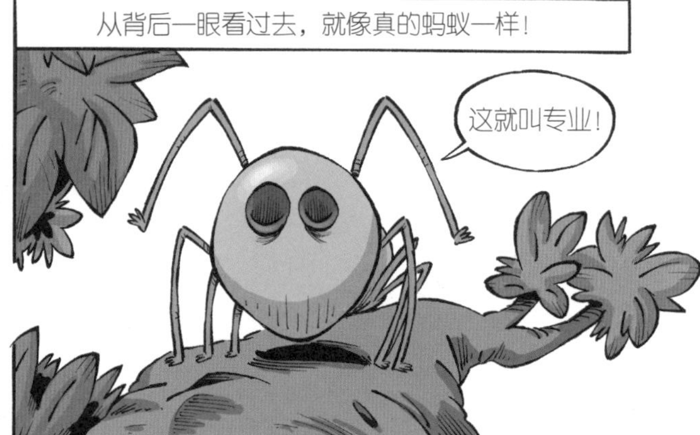
从背后一眼看过去，就像真的蚂蚁一样！
这就叫专业！

这样做真的太傻了！
模仿我们有什么用呢？

咦！！！
你心里没点儿
数吗？
哇哈哈！

嗨，你好，你听
说了吗……

省省吧，我们
是一伙儿的！
啊呜！
啊呜！
唉，在这一片混饭吃
真是越来越难了。
55

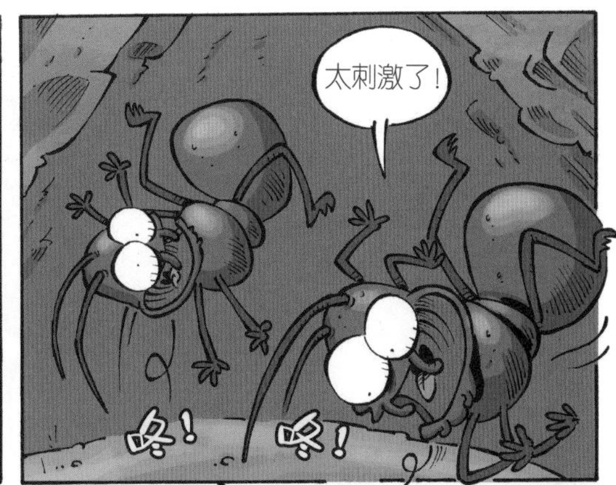

大食蚁兽长长黏黏的舌头，让它每天可以吃掉3万只蚂蚁。

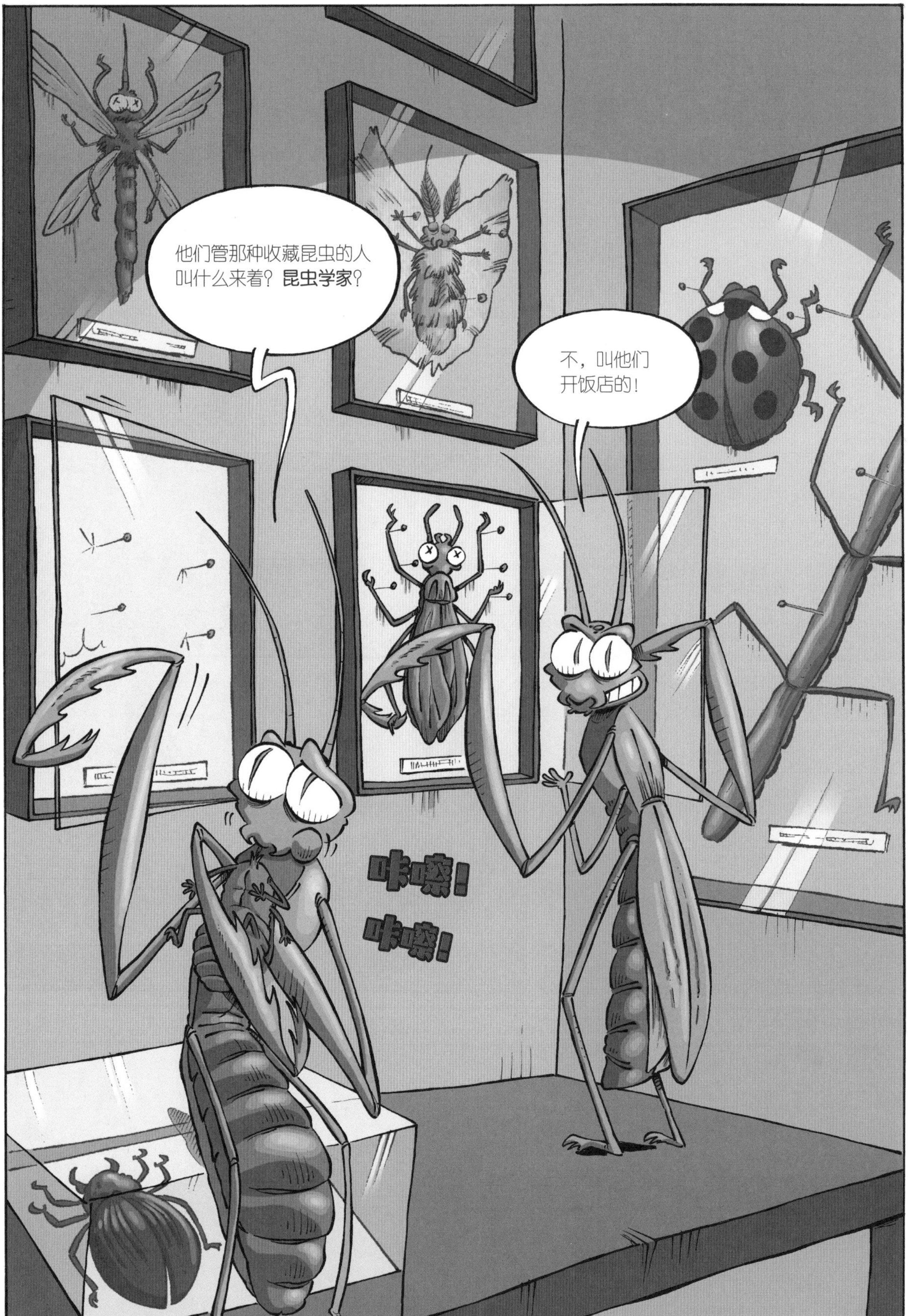

他们管那种收藏昆虫的人叫什么来着？**昆虫学家**？

不，叫他们开饭店的！

咔嚓！

咔嚓！

我们胭脂虫，至少还有一个用处！
除了烦我，你还能干什么？

我们在食品工业里大有用处！
比如驱虫剂？
哈哈哈！
CLAC

我们是除了甜菜以外，世界上最古老、最天然的红色染色剂！
对，没错！

无所谓，我根本不知道“染色剂”是什么！

就是人们在生产口红等化妆品时使用的红色……
颜料
科贝尔
特殊工艺

还有食品，比如香肠等熟食……
糖果、纺织品……
哦，等一下！

有一个问题：你身上不带一点儿红呀！！！
他们在哪里找到红色的？难道有胭脂虫神仙显灵吗？

对，这确实是个问题。
红色在我们的身体里，如果要获取，就必须把我们压碎……
哈哈哈，傻瓜！

胭脂虫
目 / 科：同翅目 / 胭蚧科
属 / 种：胭脂虫（Dactylopius coccus）
攻击力：0
防御力：+1
简介：胭脂虫是一种群居在仙人掌上的昆虫。身体柔软（外壳是白色的，里面是红色的），进食时静止不动。
体长
约 5 毫米
特技
•群居

① 本页出现的歌词来自经典老歌《躁起来》（1977 年）、《摇到圣特罗佩》（1961 年）、《宝贝，跟着摇滚跳起来》（1956 年）。

嘿，看！
蜻蜓在交尾！
对，它们正
在交配！

!
它们组成了一
颗爱心……
碰！
真是太有
爱了……

你们还在等
什么呢？
我们？
为什么
这么做？

因为这是繁殖的
唯一办法，看！
空气里飘着小爱心！
所有昆虫都这样做，
都这样！
真的吗？
所以说……
我们不
知道啊！

我们试
试吧！
对！
试试！

嘿！
哟！

?
乒！
啊！
呀！
乓！
哦！

你怎么不告诉它们
只有蚁后才能繁衍
后代呀？
才不说！

说了就不好
玩了……
还要更有激情！
砰！
这回像爱心吗？
不像！
啊……

大天蚕蛾

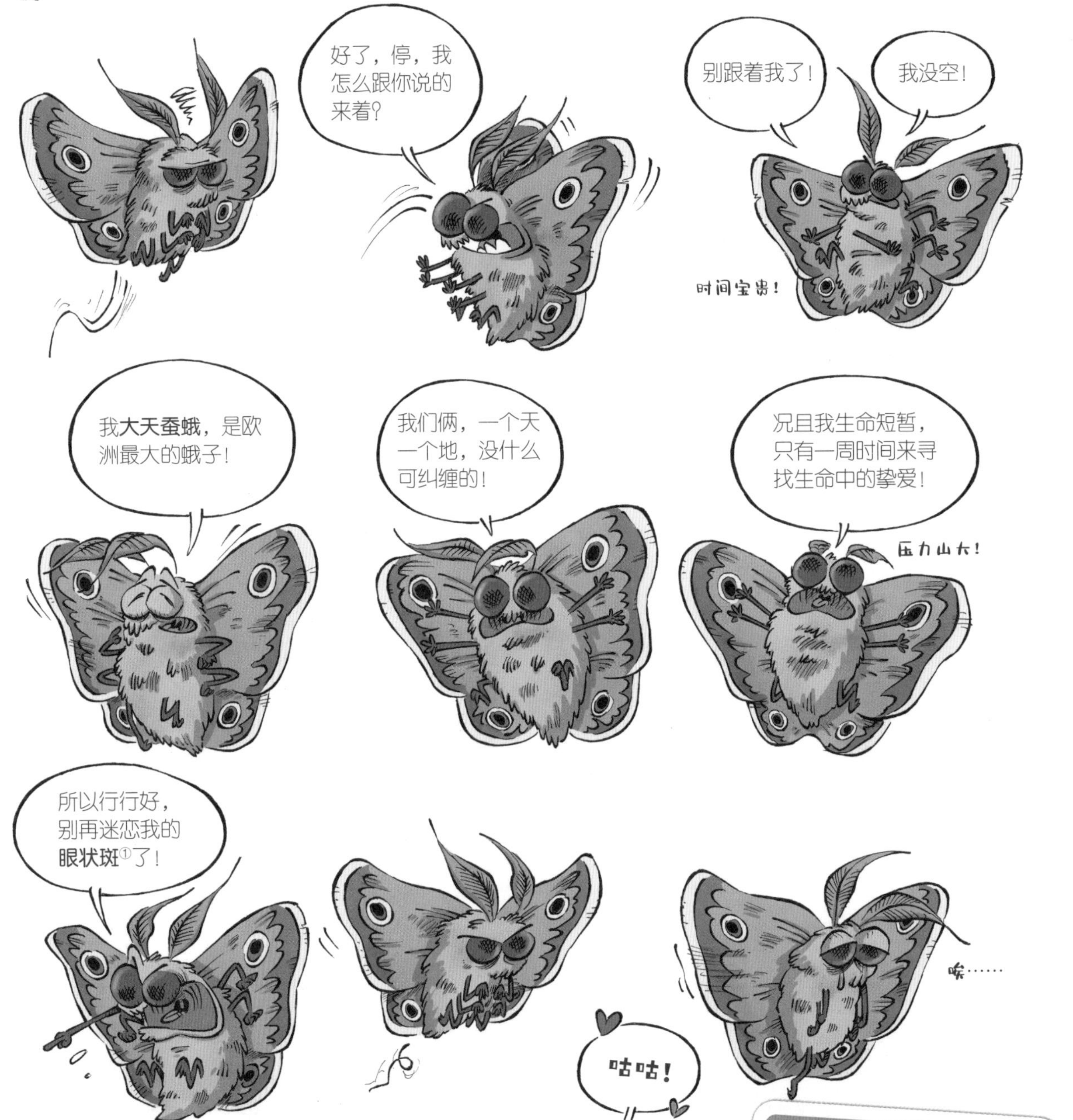

好了，停，我怎么跟你说的来着？

别跟着我了！

我没空！

时间宝贵！

我**大天蚕蛾**，是欧洲最大的蛾子！

我们俩，一个天一个地，没什么可纠缠的！

况且我生命短暂，只有一周时间来寻找生命中的挚爱！

压力山大！

所以行行好，别再迷恋我的**眼状斑**①了！

唉……

咕咕！

好，好吧，但就一次！那……我来选饭店吧！

① 圆形斑点，主要长在蛾类的翅膀上。

大天蚕蛾

目/科： 鳞翅目/天蚕蛾科
属/种： 大天蚕蛾（*Saturnia pyri*）

攻击力： +3　**防御力：** +3

简介： 这种欧洲最大的蛾子是夜行动物，生活在果树上。在成虫状态下，它只能存活一周且其间不进食。

体长
最短：100 毫米
最长：200 毫米

特技
• 体型大

在亚马孙雨林中心的某处……
请进！！！

欢迎来到……

角蝉的奇异世界！

它们来自史前！目前发现的最古老的角蝉，距今已有4千万年！
！！！

这都是**平行进化**的痕迹！它们曾经的第三对翅膀，演变成了**头盔**和前胸背板！
难以置信！
好奇怪，呵呵！

这些和蝉很像的昆虫，用一种**锥状突起**切断植物来进食！
嘿，别碰我！

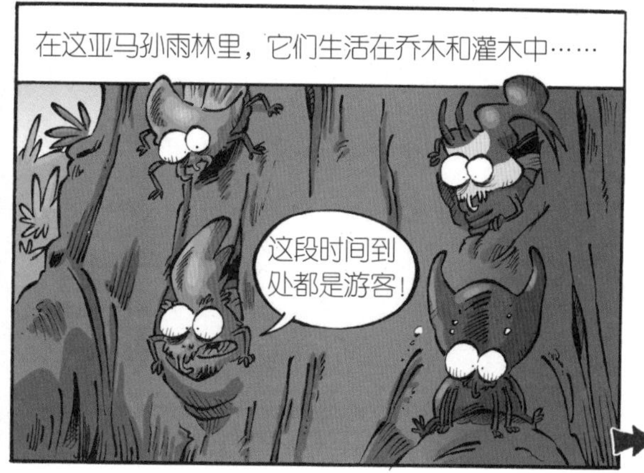
在这亚马孙雨林里，它们生活在乔木和灌木中……
这段时间到处都是游客！

人们无法确定角蝉的具体数目，但估计有3000至10,000种！
还在清点中！

有些角蝉会和蚂蚁私下交易，以提供蜜露来换取蚂蚁的保护！
嘘！
拿着，这是好货！
我瞧瞧！

啊！救命啊！！！

这是一只益蝽！
救命啊！

啊啊啊！
发动袭击！

益蝽的进攻策略主要是推着敌人，让它们掉下去！

咔拉
咔拉 咔拉

哦，不！有只蝎子！
糟了！

这时，角蝉的策略就是装死。
跟你说了禁止来这儿！！
给我下命令？有本事来扎我啊！

它们还会混入景物中，它们有很强的伪装能力！
啪！
砰！
啪！

然后，当局势平息下来后……
啊！啊！
啪！
啪！

它们会快速振动翅膀来传递信息。
啊！
嗡嗡
嗡嗡
嗡嗡！
嗡嗡！

有些研究者认为，前胸背板就是它们的扬声器……
嗡 嗡 嗡
嗡 嗡 嗡 嗡 嗡 嗡 嗡

“角蝉世界”最精彩的节目就到此结束啦！！！
嗡 嗡 嗡 嗡 嗡 嗡 嗡
嗡 嗡 嗡 嗡 嗡 嗡

惊心动魄，不过值回票价了！
还能享受蝎子自助餐！
不错！

吉丁虫，我的兄弟们，你们无时无刻不处于食物链的底端！

但有一天，你们将身居高处！

总有一天，我们吉丁虫会住在宫殿里，统治世界！

是的！！！！！

糟了……

是人类！！！

啊！！！

……艺术家扬·法布尔用140万只吉丁虫来装饰布鲁塞尔皇宫的这间大厅！
我跟你们说过，总有一天我们会住在宫殿里，统治世界！
这里是屋架，大师！

人类真的太奇怪了……
你们知道吗，他们管我叫“耳夹子虫”！！！
孢子酒吧

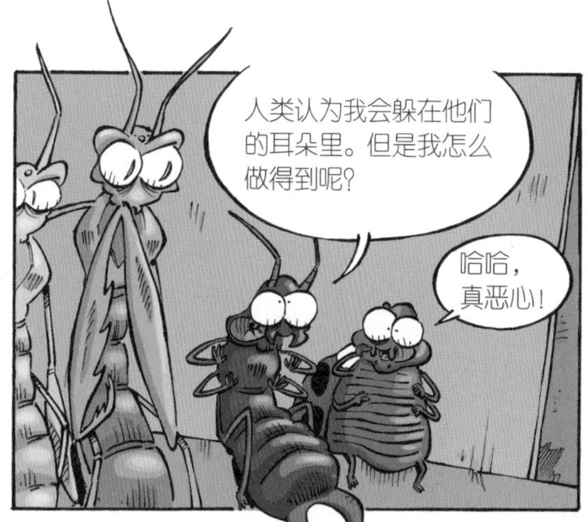
人类认为我会躲在他们的耳朵里。但是我怎么做得到呢？
哈哈，真恶心！

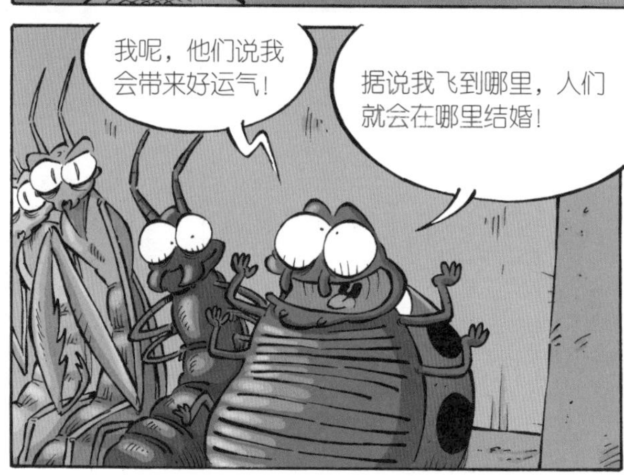
我呢，他们说我会带来好运气！
据说我飞到哪里，人们就会在哪里结婚！

他们还叫我“上帝之虫”，哈哈哈！
啊对了……
啥玩意儿！
嘶嘶嘶，笑死人了！

而我，据说他们叫我“连环杀手”！
啊啊啊！
呃……

甚至说，我会在交配时被老婆吞掉！
哈！哈！
哈！哈！
啪！

呵呵，这些传说真是经久不衰啊！
最后……

老公，我们走，该回家睡觉了！

好多雪啊，
真是太棒了！
是啊！

而且，你喜欢的那些脏兮兮的虫子，到冬天都不见啦！
让我安心过个圣诞节……

这是因为大多数虫子在严寒到来时都死了。

可怜的小家伙……

剩下的虫子则进入了**休眠期**或**滞育期**，为了度过严冬，它们放慢了自己的**新陈代谢**！

等到气温上升以后，它们“噗”地就醒了！
“噗”！

这棵松树上就能住下25,000只昆虫！

25,000只？

你看，这样也非常漂亮！
丁丁当！
丁丁当！

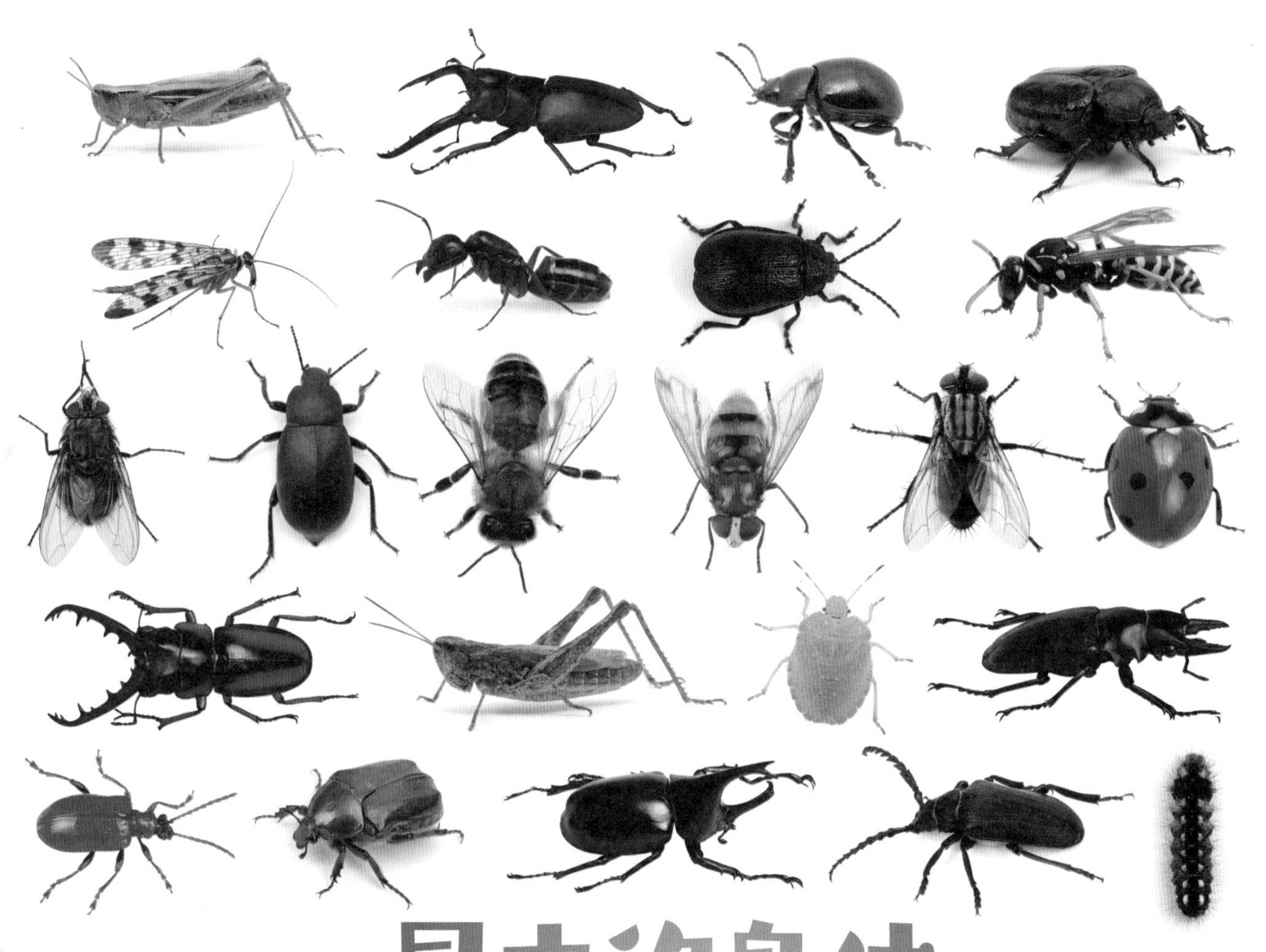

昆虫的身体，梦想的身体

变态期已经过了？没什么问题吧？您觉得新的身体舒服吗？从人类的骨骼进化到昆虫的超强骨骼是不是很容易？

哦，别害怕，会好的。我还要向您解释如何更好地使用这副身体呢。您会见到，您会掌握所有新的属性、所有的感官，包括飞行技能。至少您不会头晕了，不是吗？

但在此之前，您必须要先了解您的新形态。首先，把骨骼、肌肉、神经和皮肤都抛到一边去，把它们都忘了！您现在有了一副外骨骼，其他的都塞在了里边！这副骨骼是由甲壳质构成的，这种有着奇怪名字的分子物质会让外骨骼变硬……因此，这副骨骼很难被击破。外骨骼就是我们的保护层。但请注意，它不会变大哟。如果您觉得紧了，那就只有一个办法：蜕皮。我们之后会讲到！

现在请仔细看看，您这只昆虫是由什么组成的……

昆虫的形态

通过模型会看得更直观，我给您找来了一只蝗虫。您会看到，这很简单……而且也很美味，吸溜！

翅膀

昆虫是拥有翅膀的小动物，只有成虫才有翅膀。因此，别做梦了，您绝不会看到会飞的蜘蛛或千足虫！会飞的，要么是鸟，要么是昆虫。您肯定能看出来！鸟总是追着昆虫飞……昆虫大多数时候都有两对翅，但也有些例外。我们待会再说……

尾须

它们位于您腹部的末端。呃……不，这不是尾巴，而是您的环境探测器，其表面覆盖着感官绒毛。所有的昆虫都不是天生就有尾须的，后天或多或少会长一点儿。也有尾须长得像针的昆虫，比如耳夹子虫。

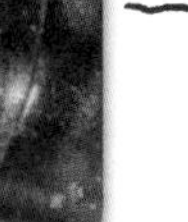

足

我们常说，昆虫有 6 足。如果有 8 足，那就是蜘蛛或蝎子。如果少于 6 足，那就是脊椎动物（或是一只遭遇了螳螂的昆虫）。这 6 足都固定在胸部。根据种类的不同，足有不同的功能：爬行——当然，有些蝴蝶做不到，但还可以跳跃、挖掘、游泳……或是攻击猎物！

身体的三个部分

现在的您和之前的您最大的区别，就是您现在的身体分为头部、胸部和腹部，而对人类来说，胸部和腹部合为一部分。头部由主要的感觉器官和大脑构成，胸部包含了神经系统和用来控制足和翅膀的大肌肉，还有腹部，这是身体最大的一部分，囊括了其他重要器官（心脏、呼吸器官、生殖系统……）。

感官绒毛

外骨骼把您给封闭起来。当下，想要感知有关环境的信息（风、湿度、气流……）——过去您的皮肤做得很好——您要习惯使用您的感官绒毛。它们会告诉您周围发生了什么。

触角

触角有两根，固定在您的双眼之间。**它是用来帮您感觉的，同时也给您定位、摸摸您要吃的东西、探查同种的雌雄个体，或是预测危险**（通常是另一种虫子）。简言之，它非常有用，因此要注意使用。

眼睛

大多数昆虫有两种眼睛。头顶上的单眼用来捕捉光线和阴影，而另一种眼睛（复眼）由大量小眼构成（蜻蜓有 500 至 30,000 只小眼），这两种眼睛组合起来，可以让昆虫辨别形状、颜色以及动作。注意，有些昆虫是没有单眼的。

口器

昆虫种类不同，口器也是不一样的。比如蜜蜂就用舌头来寻找花蜜；或是**虹吸式口器**，就像蝴蝶；蚜虫或蝽虫有**刺吸式口器**，用来刺穿或吸入植物或猎物，就像人类进食一样。但您也有可能会有一些**咀嚼式口器**，就像蝗虫或螳螂那样，用来撕碎植物和咬碎昆虫骨骼！

有些成虫是没有口器的（比如某些蝴蝶）。它们不需要，因为不再进食了。它们也活不长……反正不是因为没有口器而无法进食就好。

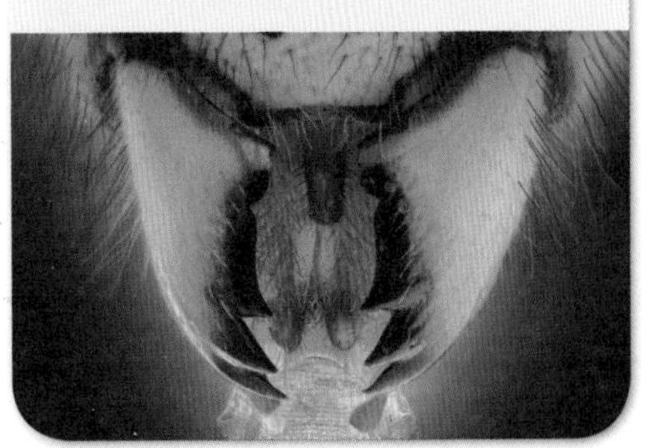

跗节

跗节在足部的末端。**这就是昆虫的“脚”。**跗节由数量不等的环节构成，但最后一节总是以两个小爪结束。

身体里边有什么

停止用肺呼吸！现在您已经是昆虫了，您要用气门呼吸，这些小孔位于您的胸部和腹部。这些小孔连接着一些小气管，小气管则连着将氧气运送到全身和各个器官的呼吸管。

器官里浸透着的血液不含红细胞。因此它多少透着一点儿绿色，我们称其为淋巴液。它负责运输维持我们器官正常运转的所有必需的营养物质。

因为昆虫没有血管，也没有动脉，它们的管状心脏直接推动淋巴液在全身流动。这一串心脏位于背部，抽吸淋巴液使其从后往前流动。

您吃下的所有东西都会经过您的食管、前胃，继而进入中肠

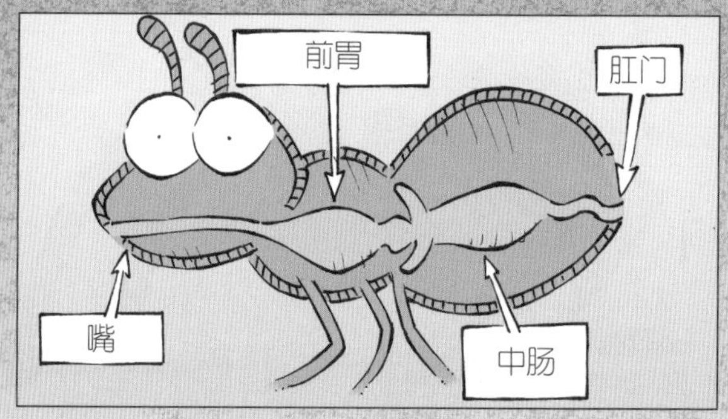

（昆虫有好多段肠子）。昆虫的粪便呈小球状，含有尿酸晶体（就是"尿"）。

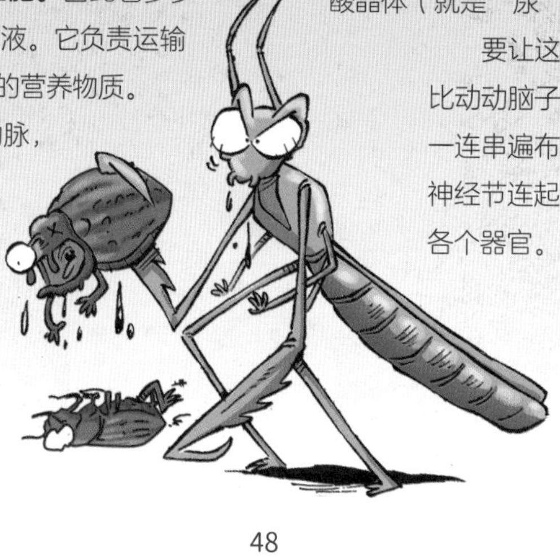

要让这台身体机器运行良好，再也没有比动动脑子更好的办法了。昆虫的大脑连接一连串遍布于其体内的神经。这一大串都由神经节连起来，用来控制身体的各个部分和各个器官。

总的来说，昆虫的身体可以算台不错的机器吧！

飞行课

展翅起飞。如果您有机会成为昆虫，拥有由精致的膜和发育程度不同的翅脉构成的翅膀，那这就是您现在要学的。翅膀之于昆虫就像头发或汗毛之于人类。它们没有感觉。所以，为了蜕皮的时候能够展开翅膀，刚羽化的成虫会将空气和淋巴液注入神经。双翅展开，最终定型……听起来有点儿像打开一把雨伞。

昆虫的翅脉同它们的进化程度相关。比如，我们的朋友蜻蜓自远古时代以来没有发生多大的变化，它们的翅膀上翅脉丰富。而膜翅目的昆虫就不这样，就像蜜蜂和胡蜂，它们都是进化较彻底的昆虫（说到底比不上螳螂，不是吗？），它们的翅脉就简单得多。

正如我们所见，昆虫有两对翅膀。但某些昆虫，比如鞘翅目的昆虫，其中一对是坚硬的鞘翅，是用来保护第二对更敏感的翅膀的。苍蝇和蚊子的后翅变形成了保持平衡的稳定平衡器。而蝴蝶，它的翅膀上覆盖着鳞片，就像是可以排水的瓦片。还有些昆虫，在进化的过程中失去了翅膀，比如虱子和跳蚤。但因为它们还能到处跳来跳去，所以也不抱怨什么！

深山锹甲
鞘翅目昆虫的鞘翅（硬翅）对下面的膜翅起保护作用。

无论您长什么样，您的翅膀都和胸部相连。翅膀由做高飞动作的纵向肌，以及做低飞动作的横向肌带动。如果说有些昆虫只要振动几下翅膀就能飞，另一些昆虫的翅膀振动频率则要高得多。比如有些小飞虫每秒钟要振动翅膀 1000 多次！有时高频率会产生一点儿小噪声：比如像蚊子那样。这并非有利于隐身，但身体结构就是这样，我们必须得接受。

如果您能适应飞行（为了好好用您的翅膀，您得锻炼），您也许有可能打破君主斑蝶 7000 千米的飞行纪录！如果您对速度更感兴趣，您肯定会很激动地为澳洲大蜻蜓测速，它的飞行速度可达每小时 97 千米；还有虻，它的飞行速度能够达每小时 145 千米！

小豆长喙天蛾每秒振动翅膀 75 下，这使得它可以做到悬停。

蝴蝶的一生：从毛虫到成虫

生命的周期

现在您已经准备好开启您的昆虫生活了。您掌握了精髓。哦，对了，还有繁殖，因为生育下一代和繁衍种群，是地球上所有生物的目标。我们昆虫也不例外！

当您找到了另一半，而恋爱的季节也即将结束时，您就不需要为孩子而忙碌了，就昆虫而言，每只虫从很小时起——从卵那个阶段就会照顾自己。而卵的类型就像昆虫的种类一样多。

有些昆虫一次产卵几千粒，比如苍蝇；有些昆虫是一个一个地下，比如竹节虫；有些虫子把卵集中在一起，放在卵鞘里，就像螳螂；有些虫子甚至不产卵，就像采采蝇，直接生出准备变态的蛆。

接下来是孵化的时刻，即幼虫的诞生。当我们谈起昆虫时，我们的脑海里只出现它们成虫的形态。然而，**大多数昆虫是以幼虫的形态度过其一生大部分的时间。**有些蝉的若虫期长达 17 年之久！如果说有些昆虫的若虫和成虫形态类似，比如竹节虫和螳螂，另一些昆虫则拥有两种完全不同的形态。您已经见过毛虫了，毛虫和蝴蝶的差别还不够大吗？再看一眼瓢虫，人类不会觉得它的幼虫“很可爱”吧！

瓢虫的幼虫

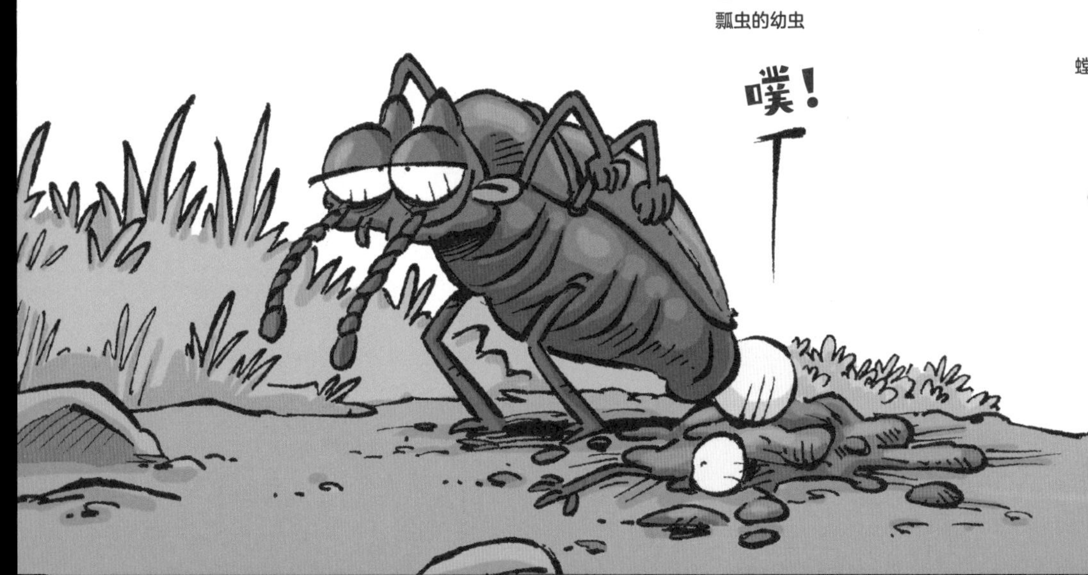

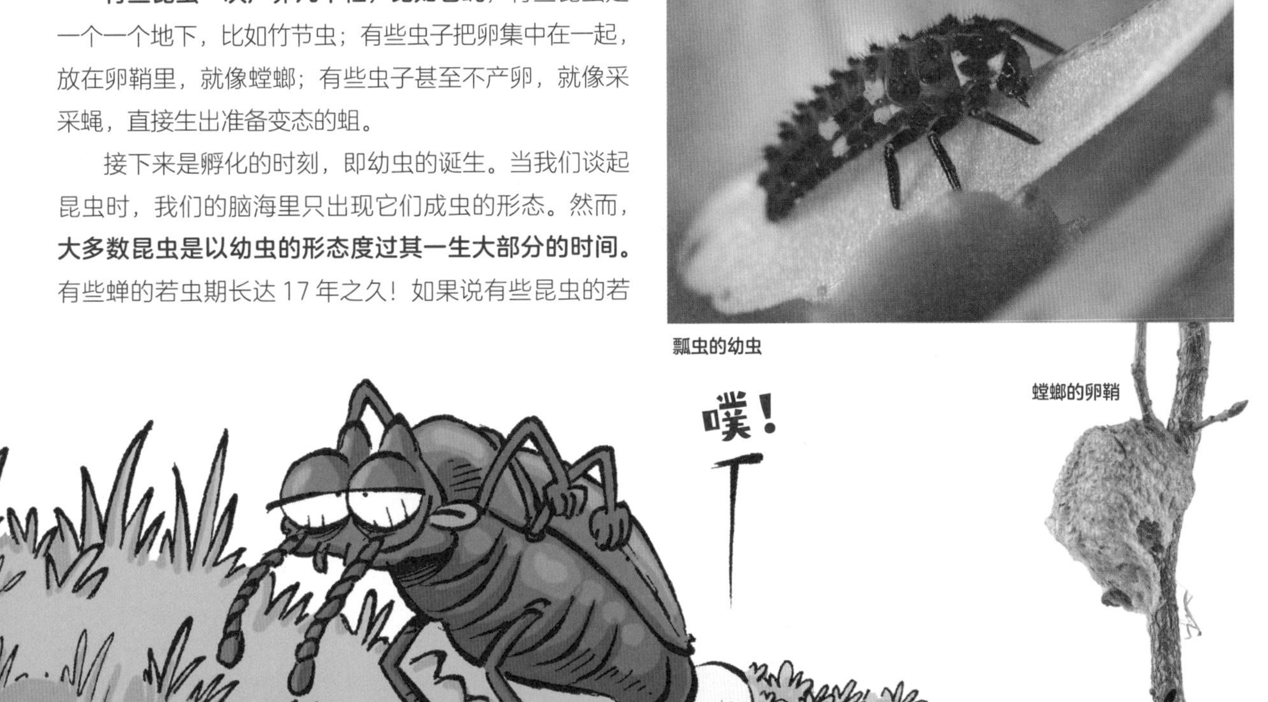

螳螂的卵鞘

幼虫只有一个目标：吃！因为它必须为自己储存尽可能多的能量来蜕皮（要有好几次）。这可不是件小事，因为在它们蜕皮之时，捕食者可以从容地来吃掉它们。但是昆虫会利用很多资源。比如蝴蝶的幼虫就会织一个茧来保护自己，启动变态阶段，我们称其为“被蛹”。而苍蝇或蚊子，它们的幼虫有一层“壳”，我们称其为“围蛹”。

在重重保护之下，幼虫开始了最后一次蜕皮，长大成虫。我们现在终于可以叫它“成虫”了。

就这样，我亲爱的朋友，您现在可以用自己的翅膀飞翔了。您要做的就只有活下去。可惜，我们没什么可教您的了。您必须要毫不起眼，速度要快，也就是说要让您的天敌看不见您，您的生活、您子孙的生活都是这样。而这，又是另一个故事了……

撰文：[法]弗朗索瓦·沃达扎克
绘图：[法]科斯比、克里斯托夫·卡扎诺夫 & 弗朗索瓦·沃达扎克
授权图片：富图力图片公司（Achkin, Alekss, Anterovium, Constantin Cornel, Defun, Delbio79, Image Source, Iredding01, Mathisa, Meisterphotos, Rorue, Salman2, The Lightwriter, TheMonk, Vpardi）

你了解昆虫吗？

请完成下列选择题，看看你是否了解昆虫。别忘了所有的答案都在这本书里哦……祝好运！

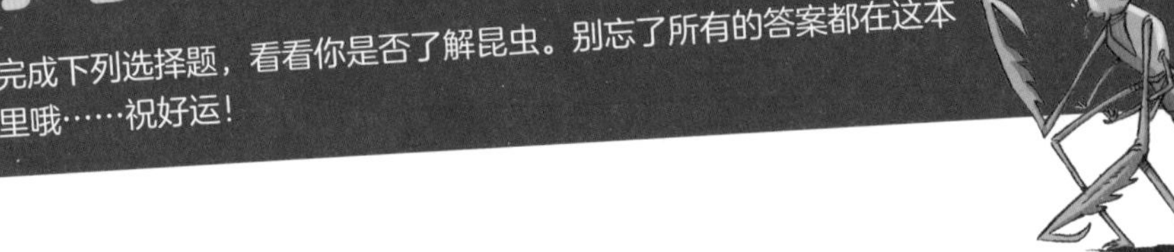

1.昆虫为什么敢往下跳？(　　)
a.因为它们的爪子上有弹簧
b.因为它们会飞
c.它们有一层坚硬的外骨骼

2.麝香天牛怎么防卫？(　　)
a.散发出一种玫瑰般的香味
b.一直鸣叫，直到把敌人弄晕
c.像刺猬一样滚成一个球

3.布鲁塞尔皇宫是用哪种昆虫装饰的？(　　)
a.吉丁虫
b.苍蝇
c.蝈蝈

4.蚂蚁用什么标记道路？(　　)
a.地图和GPS
b.食物的碎屑
c.定位信息素

5.昆虫如何呼吸？(　　)
a.像人一样用肺呼吸
b.用腹部的气门
c.它们不呼吸

6.扁头泥蜂是如何控制大蟑螂的？(　　)
a.给它吃东西
b.给它拴上套索
c.给它的大脑注射毒液，并拽它的触角

7.飞蝗迁徙时是如何和它的同类联系的？(　　)
a.更换颜色
b.丢掉翅膀
c.变哑

8.昆虫里最强的杀手是谁？(　　)
a.胡蜂
b.大角金龟
c.苍蝇

9.昆虫的"自切"是什么意思？(　　)
a.到处移动
b.改变颜色
c.将自己身体的一部分断开

10.虻的脚上有什么？(　　)
a.有毒的倒钩
b.缓冲器
c.吸盘

11.什么叫昆虫学家？(　　)
a.收藏昆虫的人
b.一种大蜘蛛
c.一个生造的、无意义的词

12.谁让基因科学得以进步？(　　)
a.瓢虫
b.蚕
c.果蝇

13.角蝉的"头盔"叫什么？(　　)
a.前胸背板
b.帽子
c.没有名字

14.采采蝇的名字是怎么来的？(　　)
a.来自茨瓦纳语
b.来自会招来它吸血的呼噜声
c.是它飞行时的叫声

15.大角金龟属于哪一目？(　　)
a.膜翅目
b.双翅目
c.鞘翅目

16.某些蜘蛛是怎么捕捉蚂蚁的？(　　)
a.钻进蚁穴抓蚂蚁
b.伪装成蚂蚁
c.在蚁穴里饲养蚂蚁

17.蜜蜂制作蜂蜜，需要什么材料？(　　)
a.花粉
b.别的虫子帮忙
c.花蜜

18.蜜獾是什么？(　　)
a.一种喜欢吃蜂蜜的哺乳动物
b.一种像啮齿动物的昆虫
c.一种角蝉

19.蜘蛛和蝎子有什么共同点？(　　)
a.生活在同一个国家
b.它们都不是昆虫，但同属蛛形纲
c.它们的叫声都很好听

20.跳虫有什么特别之处？(　　)
a.它们最近才被发现
b.它们能产丝
c.它们不再是昆虫

以下是答案！

1.c 2.a 3.a 4.c 5.b 6.c 7.a 8.c 9.c 10.b
11.a 12.c 13.a 14.a 15.c 16.b 17.c 18.a 19.b 20.c

爆笑昆虫·设计稿

漫画设计要经过多个环节。在漫画编剧的帮助下，我们首先会绘制草图（请看下图底部），展现出情节和背景，之后我们会对草图进行勾线（请看下图中部），最后，由上色师负责将所有的图片上色（请看下图开头部分）。是的，要经过这些阶段才能完成一页漫画！

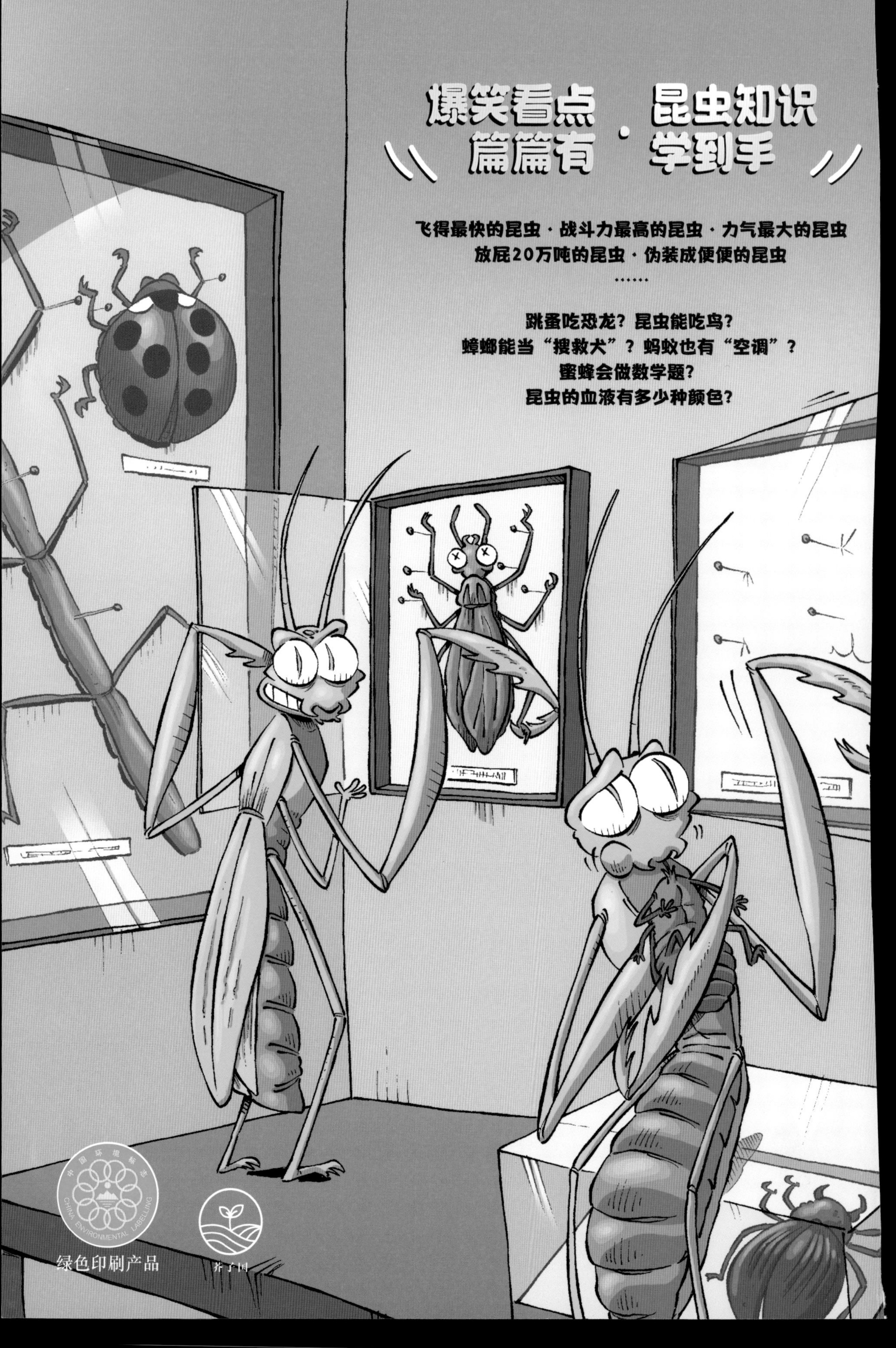

爆笑看点 · 昆虫知识
篇篇有 · 学到手
飞得最快的昆虫 · 战斗力最高的昆虫 · 力气最大的昆虫
放屁20万吨的昆虫 · 伪装成便便的昆虫
……
跳蚤吃恐龙？昆虫能吃鸟？
蟑螂能当“搜救犬”？蚂蚁也有“空调”？
蜜蜂会做数学题？
昆虫的血液有多少种颜色？
中国环境标志
CHINA ENVIRONMENTAL LABELLING
绿色印刷产品
芥子园